AF456620

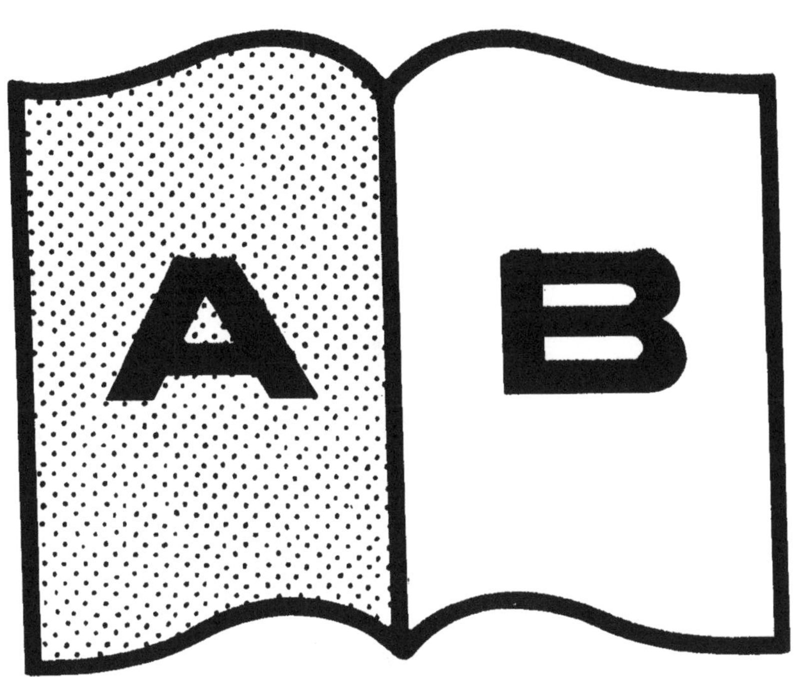
A
B

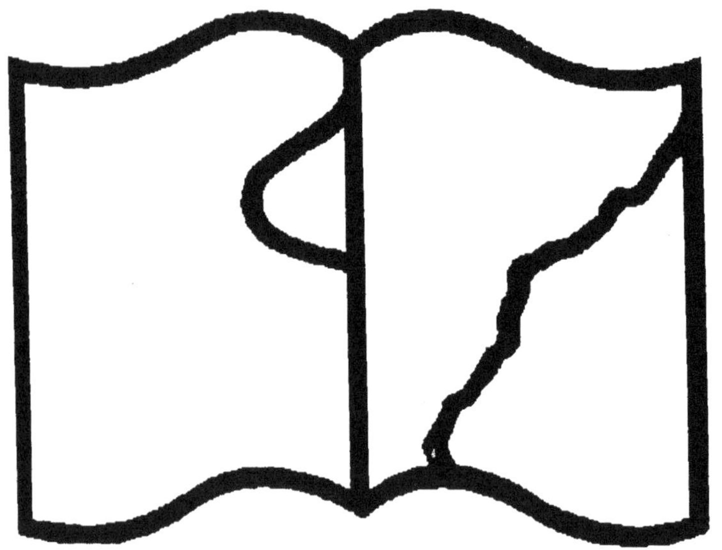

École de Metz – Leçons et cours autographiés.
(Catalogue de M. Théod. Olivier. N°528, 59.)

à Eugène Gender B.J.

Notes et Croquis

de

Géométrie descriptive.

Dans ces feuilles nous n'avons rien à attendre de jeunes gens qui ne reçoivent que 2 leçons par semaine pendant 3 ou 4 mois, qui ont peu de tems à consacrer à leurs études, qui sont livrés à leurs propres forces dès leur sortie de la salle du cours, qui sont en général peu habitués aux spéculations de l'esprit, enfin, qui ne peuvent ni ne savent prendre des notes.

De douze feuilles seulement que nous croyions nécessaire de faire, nous nous sommes étendus jusqu'à 28, pour y mettre les données géométriques que les élèves auront besoin d'y trouver plus tard, dans l'application de la géométrie descriptive, aux levers, à la coupe des pierres, à la charpenterie, aux effets de la lumière sur les corps, &c.

Nos dessins ne sont point des modèles à copier ; nous n'y avons pas songé, car selon nous, copier est un très mauvais moyen d'enseignement ; nos dessins, que nous appelons à juste titre Croquis, sont trop incorrects et presque toujours trop petits pour être autre chose que de simples guides destinés à faciliter les exercices graphiques. Ils ont cependant un autre avantage, celui de mettre sous les yeux des élèves un grand nombre de résultats géométriques qu'ils n'auraient pas le tems de produire, et de leur inculquer avec ce secours beaucoup d'idées exactes sur la formation et la représentation des surfaces et des corps, et sur leurs propriétés. Dans l'étude de la géométrie descriptive, on ne saurait trop dessiner ni trop lire, lire surtout si l'on n'a pas le tems de dessiner. Aussi avons nous multiplié les exercices de projections, jusqu'au point de remplacer le texte qu'on lit peu, faute de tems ou parceque les textes sont difficiles à lire, par des dessins accompagnés de quelques courtes explications écrites à côtés des dessins eux-mêmes.

Si les leçons sont nécessaires pour expliquer les dessins, ou plutôt pour en compléter l'intelligence, de leur côté, les dessins aident aux leçons à produire le résultat utile auquel elles tendent. Obtenir le plus grand résultat possible, tel est le but que nous nous sommes proposé.

Nous pourrions nous dispenser de dire que ces Croquis et ces Notes sont remplis de fautes et d'incorrections, dans le texte, dans le dessin et dans l'impression. Nos lecteurs à qui le hasard les présentera, ne s'en appercevront que trop promptement. Nous réclamons leur indulgence pour des feuilles rédigées, dessinées et imprimées rapidement dans les intervalles des leçons, uniquement faites au reste dans l'intention d'être utiles aux élèves.

Metz, le 30 Juin 1834.

B..... Professeur.

Lith. de Nouvian et Etienne, Metz.

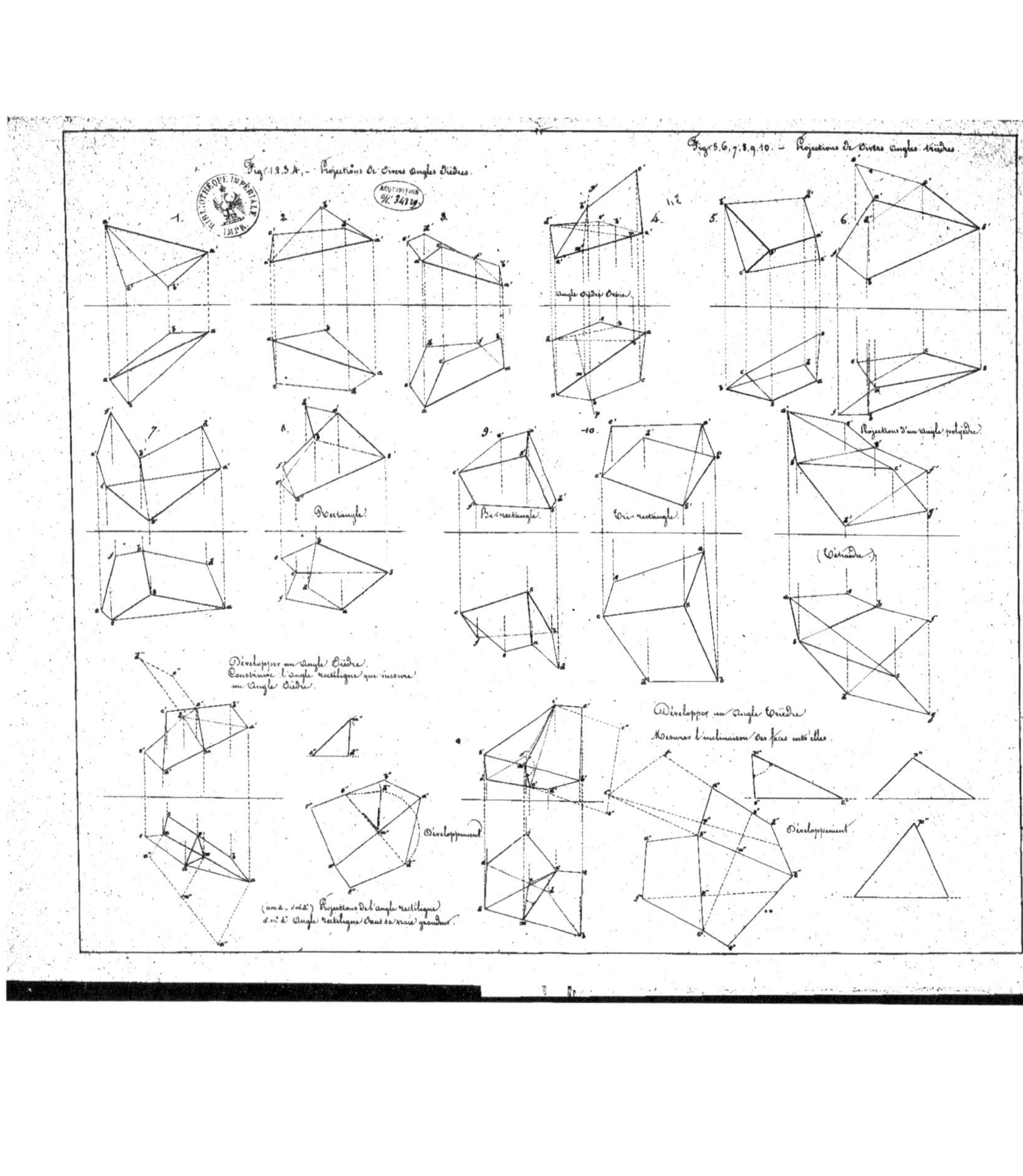

Fig. 1.2.3.4. – Projections de divers Angles Dièdres.
Fig. 5.6.7.8.9.10. – Projections de divers Angles trièdres.
Angle dièdre droit
Rectangle
Bi-rectangle
Tri-rectangle
Projections d'un angle polyèdre
(Tétraèdre)
Développer un Angle Dièdre.
Construire l'angle rectiligne qui mesure un Angle Dièdre.
Développement
Développer un Angle Trièdre
Développement

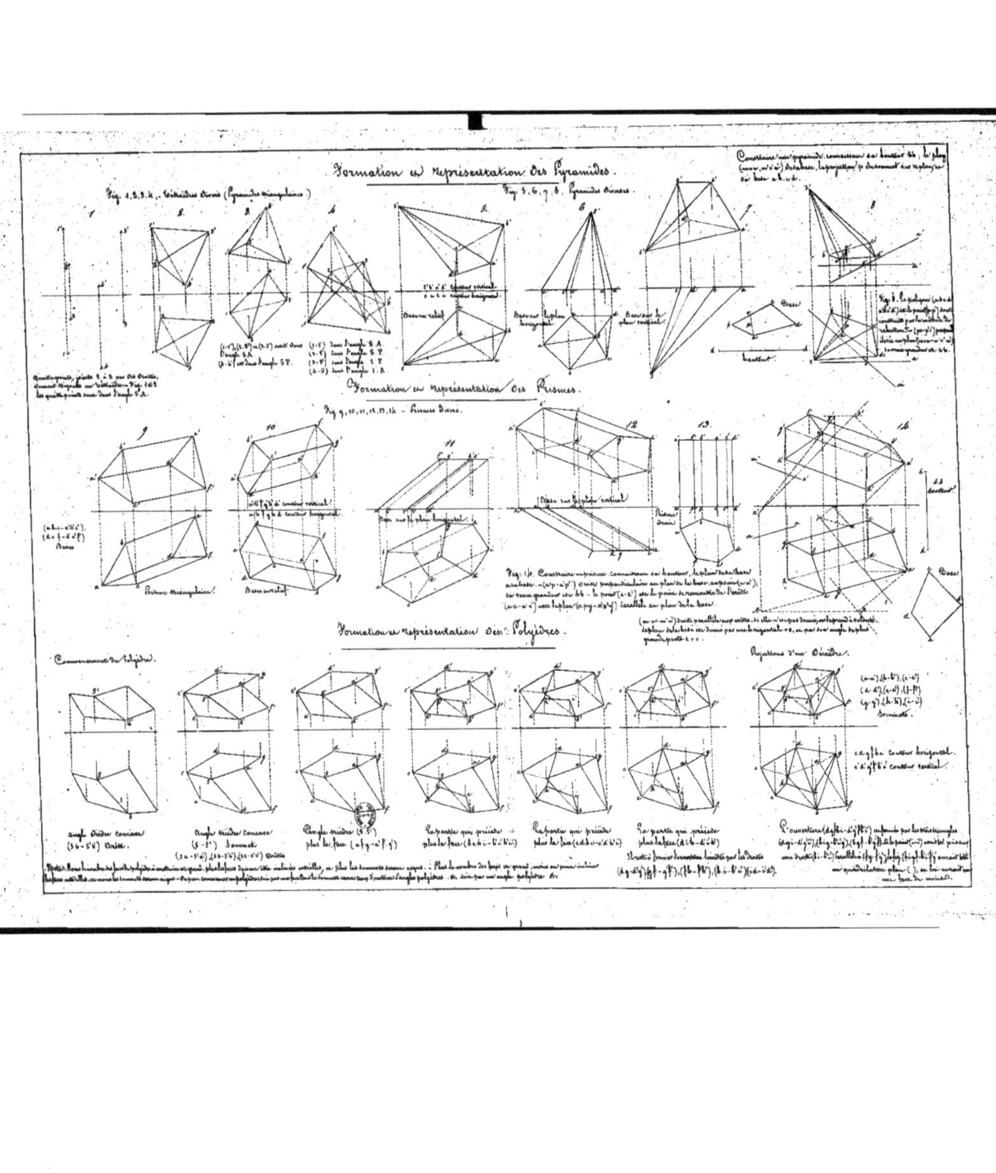

Formation et représentation des Pyramides.
Fig. 5, 6, 7, 8. Pyramides diverses.
Formation et représentation des Prismes.
Formation et représentation des Polyèdres.

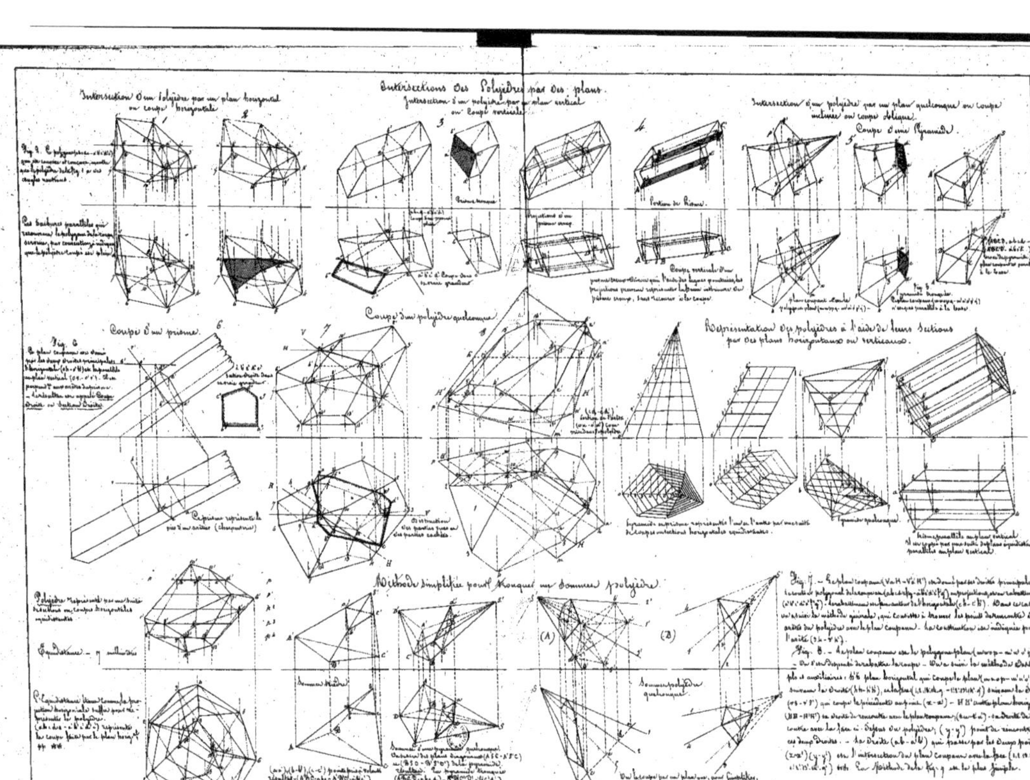

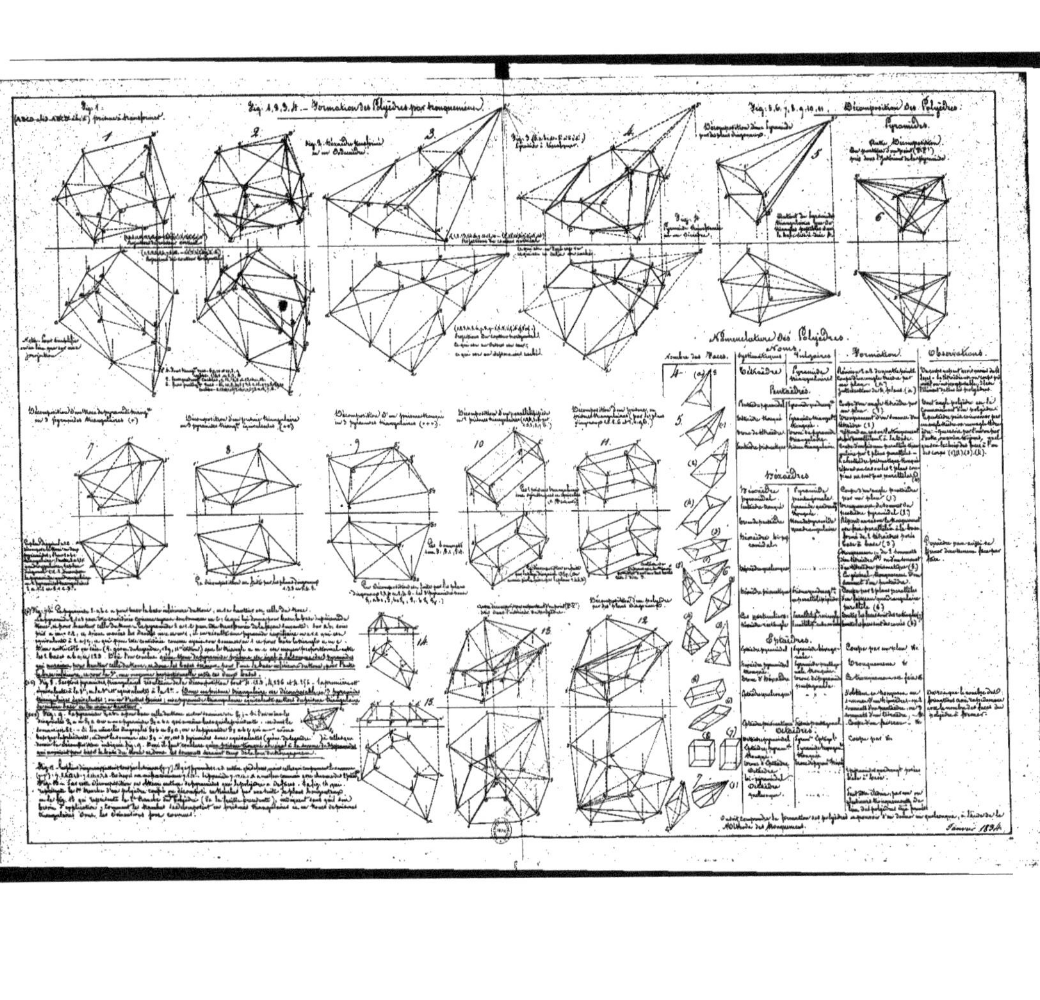
Fig. 1, 2, 3, 4. – Formation des Polyèdres
Fig. 5, 6, 7, 8, 9, 10, 11. Décomposition des Polyèdres
Pyramides.
Nomenclature des Polyèdres
Nombre des Faces.
Noms
Formation
Observations.
Tétraèdre
Pentaèdres
Hexaèdres

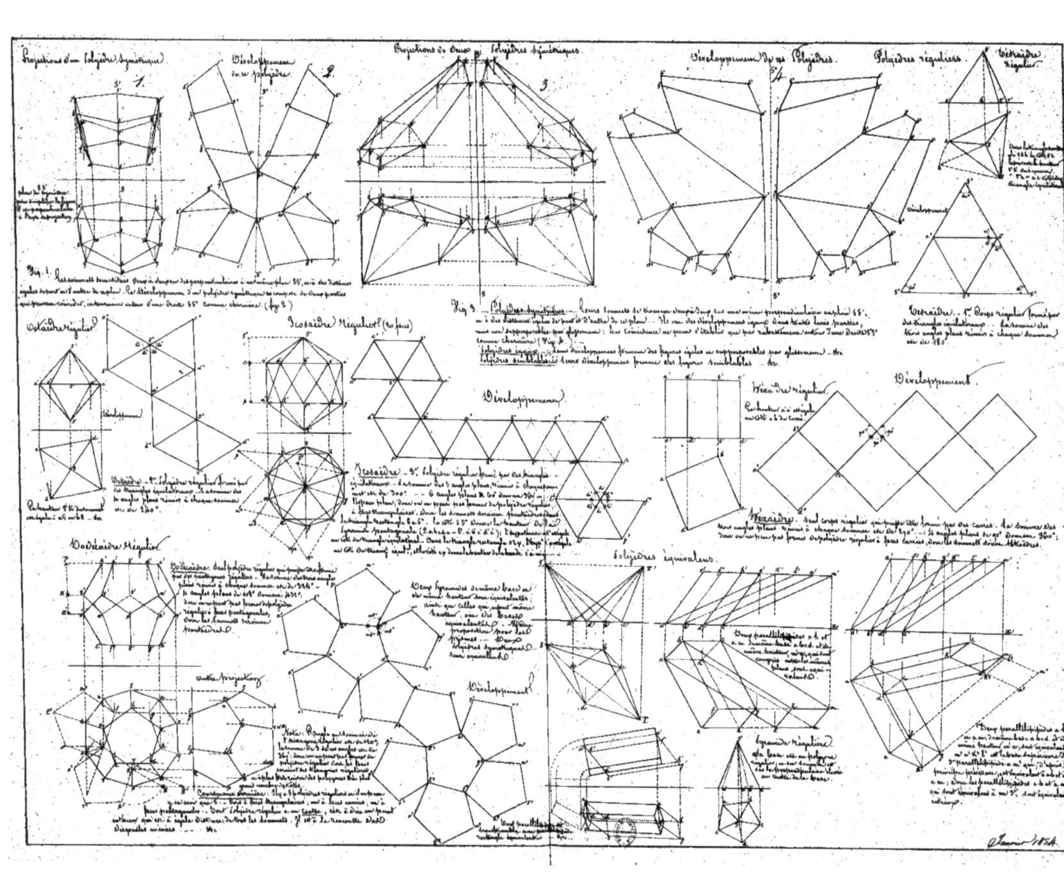

Projections d'un Polyèdre symétrique
Développement de ce polyèdre
Projections de deux Polyèdres symétriques
Développement de ces Polyèdres
Polyèdres réguliers
Tétraèdre régulier
Octaèdre régulier
Icosaèdre régulier (20 faces)
Développement
Hexaèdre régulier
Développement
Dodécaèdre régulier
Autre projection
Développement
Polyèdres équivalents
Pyramide régulière

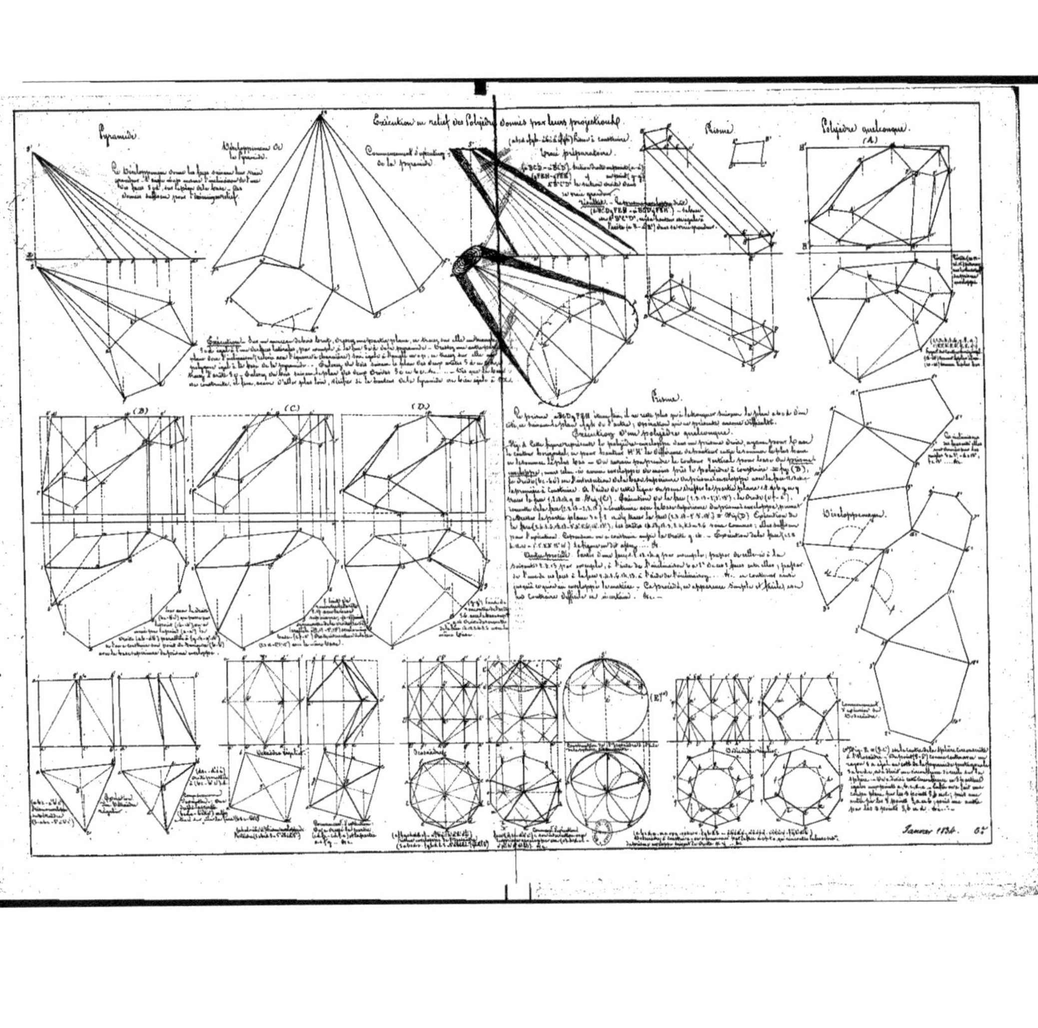

Exécution en relief des Polyèdres donnés par leurs projections
Pyramide
Prisme
Polyèdre quelconque
(A)
(B)
(C)
(D)
Développement
Janvier 1834.

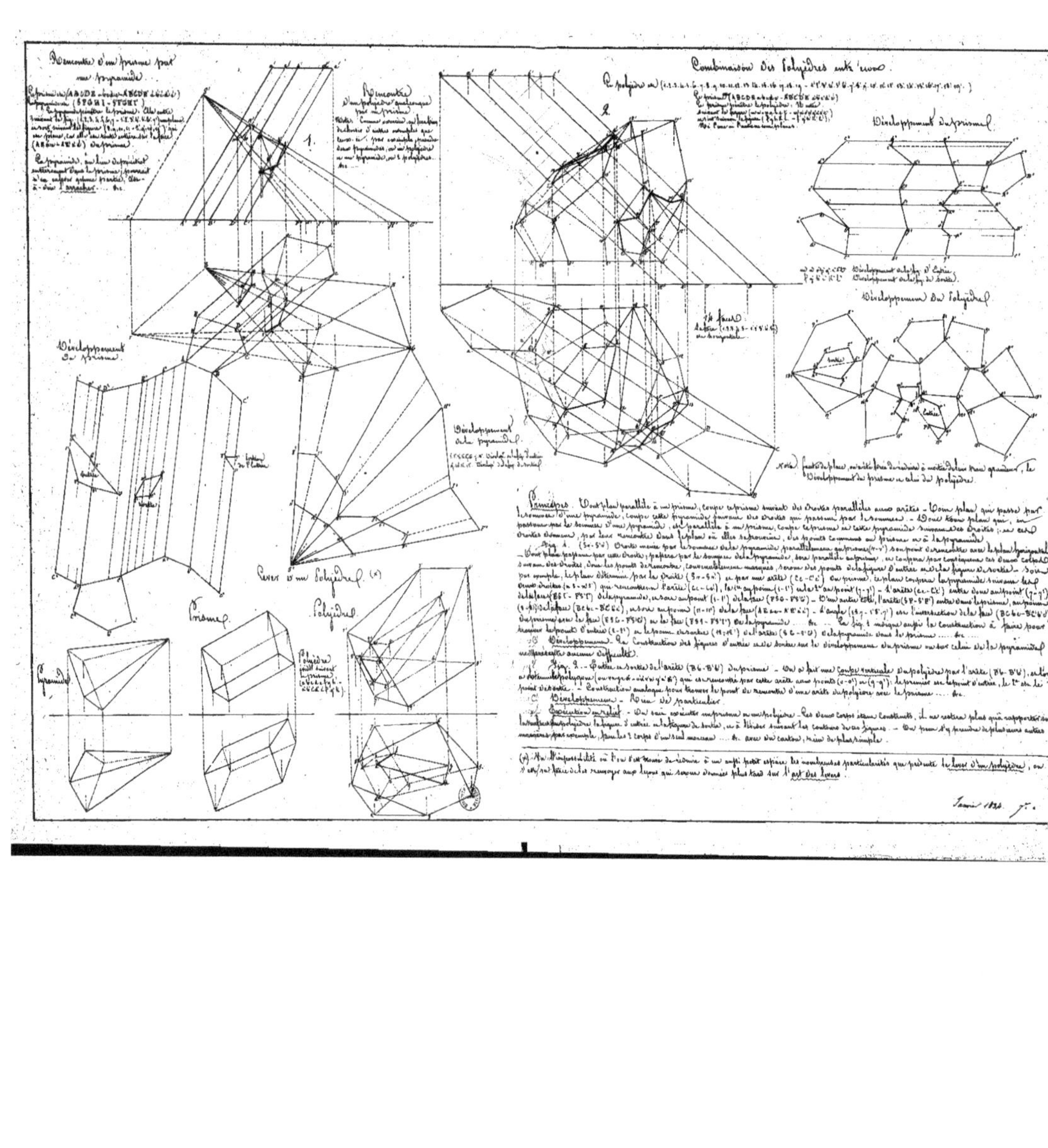

Rencontre d'un prisme par une pyramide
Rencontre d'un polyèdre quelconque par un prisme
Combinaison des Polyèdres entre eux
Développement du prisme
Développement du Polyèdre
Développement de la pyramide
Levé d'un Polyèdre
Prisme
Polyèdre
Pyramide
Principes
Développement
Exécution en relief

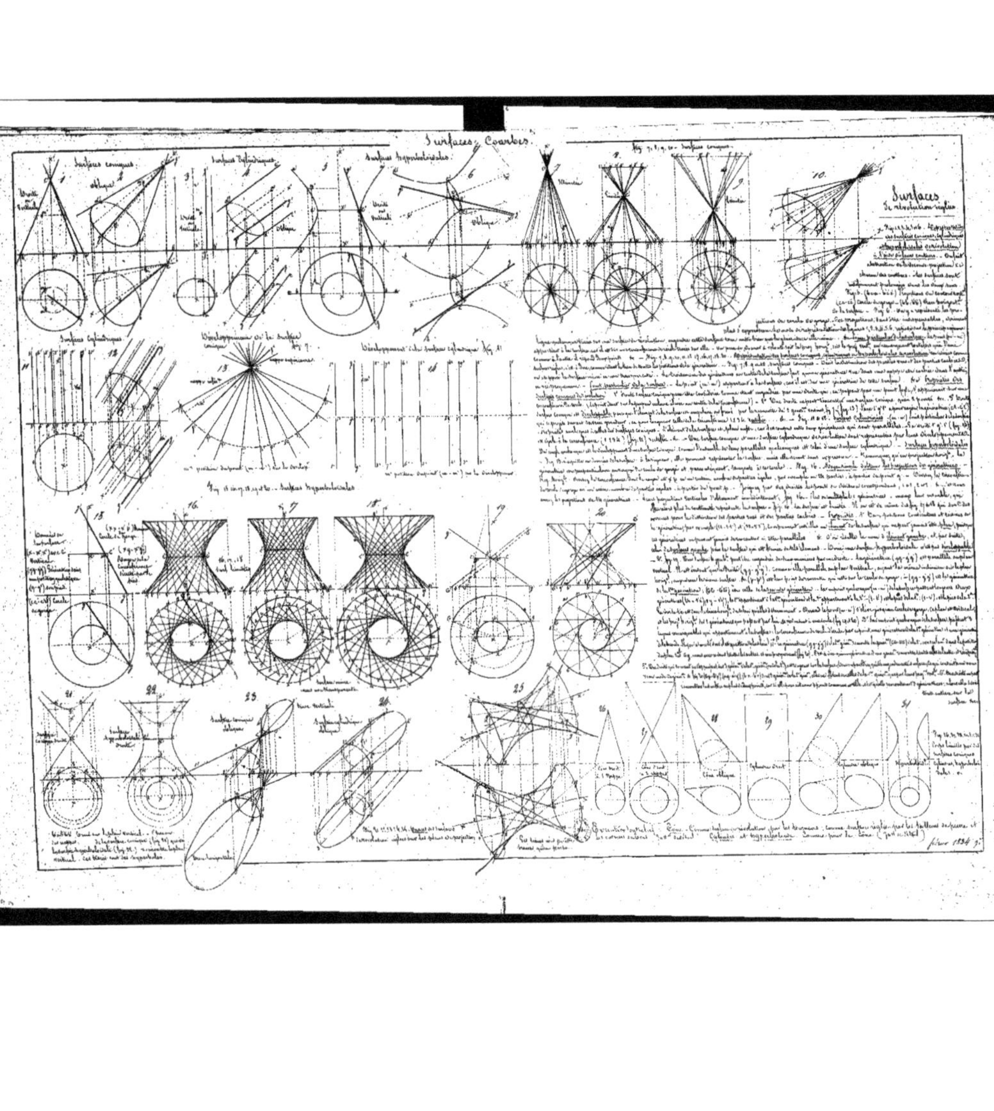
Surfaces Courbes.
Surfaces coniques
Surfaces cylindriques
Surfaces hyperboloïdales
Oblique
Surfaces de révolution réglées
Développement de la surface conique
Développement d'une surface cylindrique

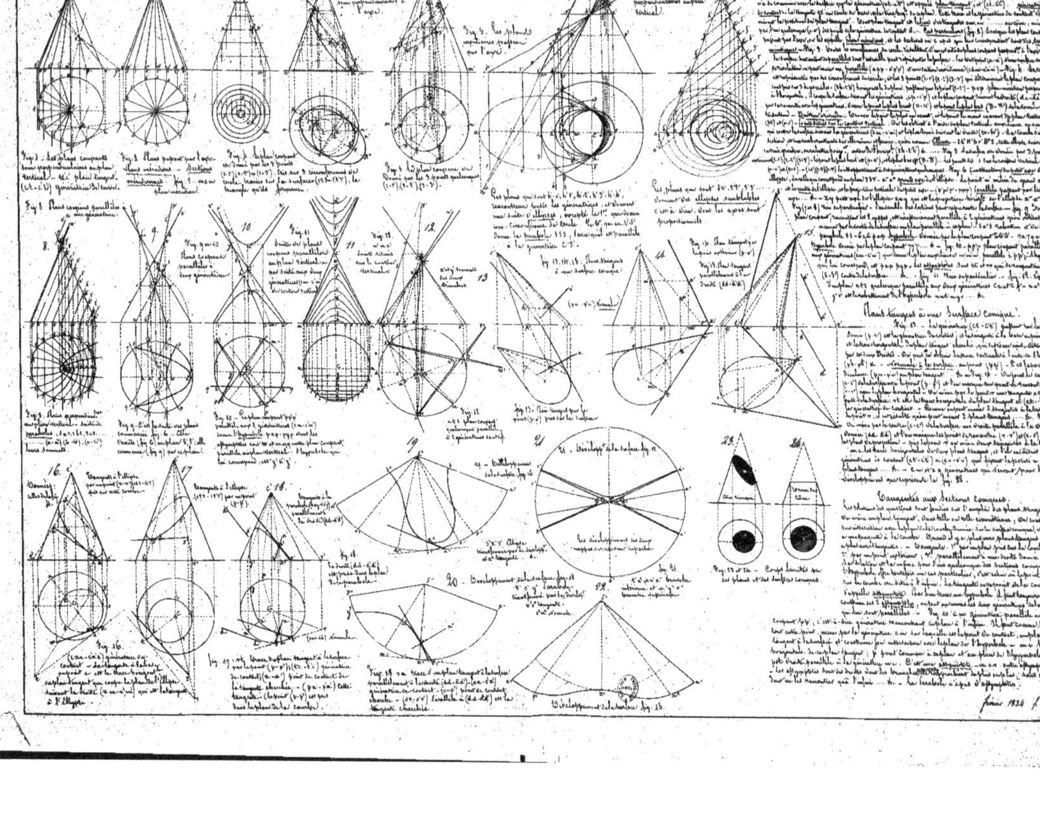
Surfaces Courbes.
Surfaces de révolution réglées.
Combinaison des Surfaces de révolution réglées avec le plan.
Plans coupants ; plans tangents.
Sections coniques ou coupes d'une surface conique de révolution par des plans.
Plans tangents à une Surface conique.
Tangentes aux Sections Coniques.

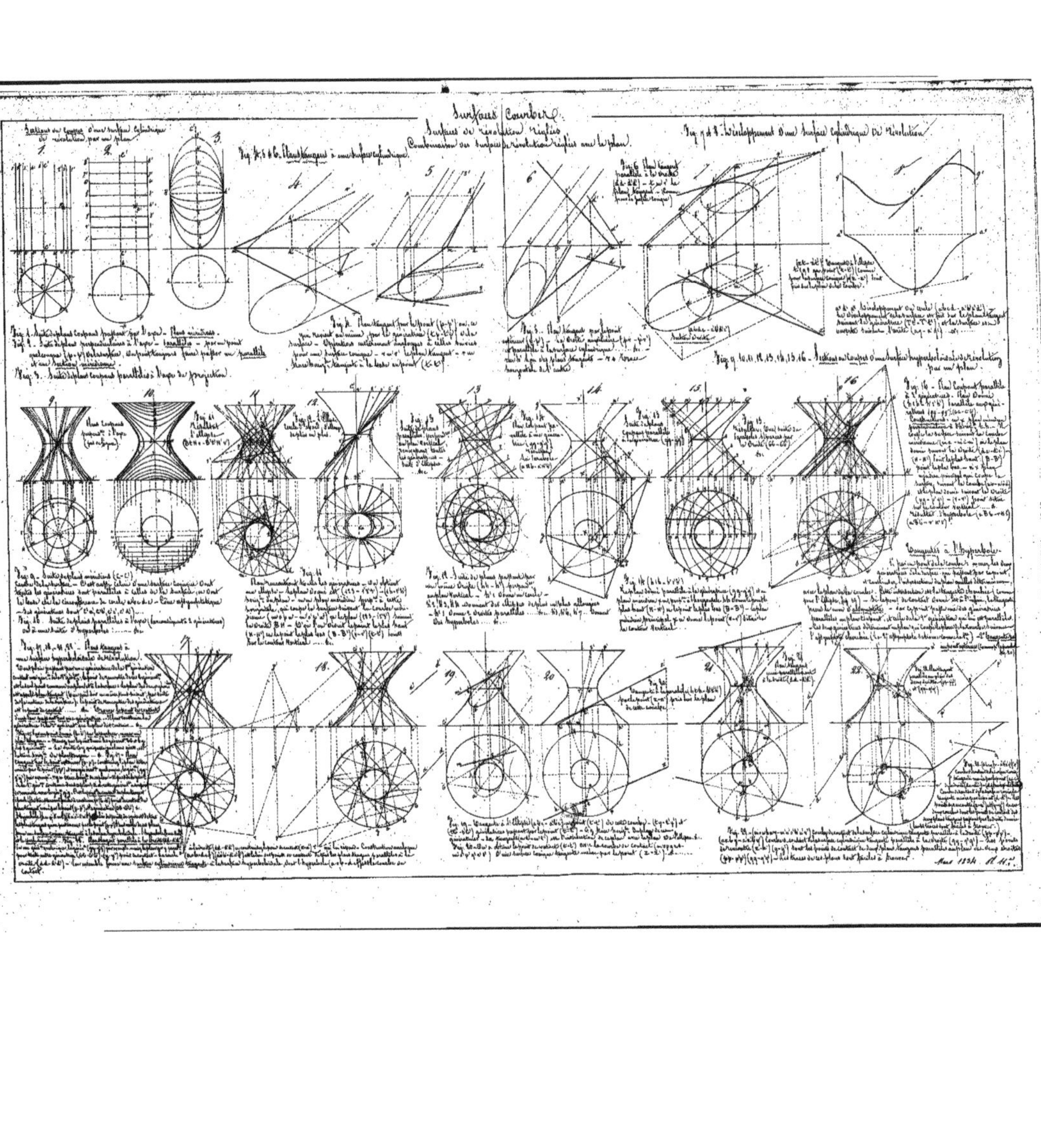
Surfaces Courbes
Surfaces de révolution réglées
Combinaison des surfaces de révolution réglées avec le plan
Mars 1884.

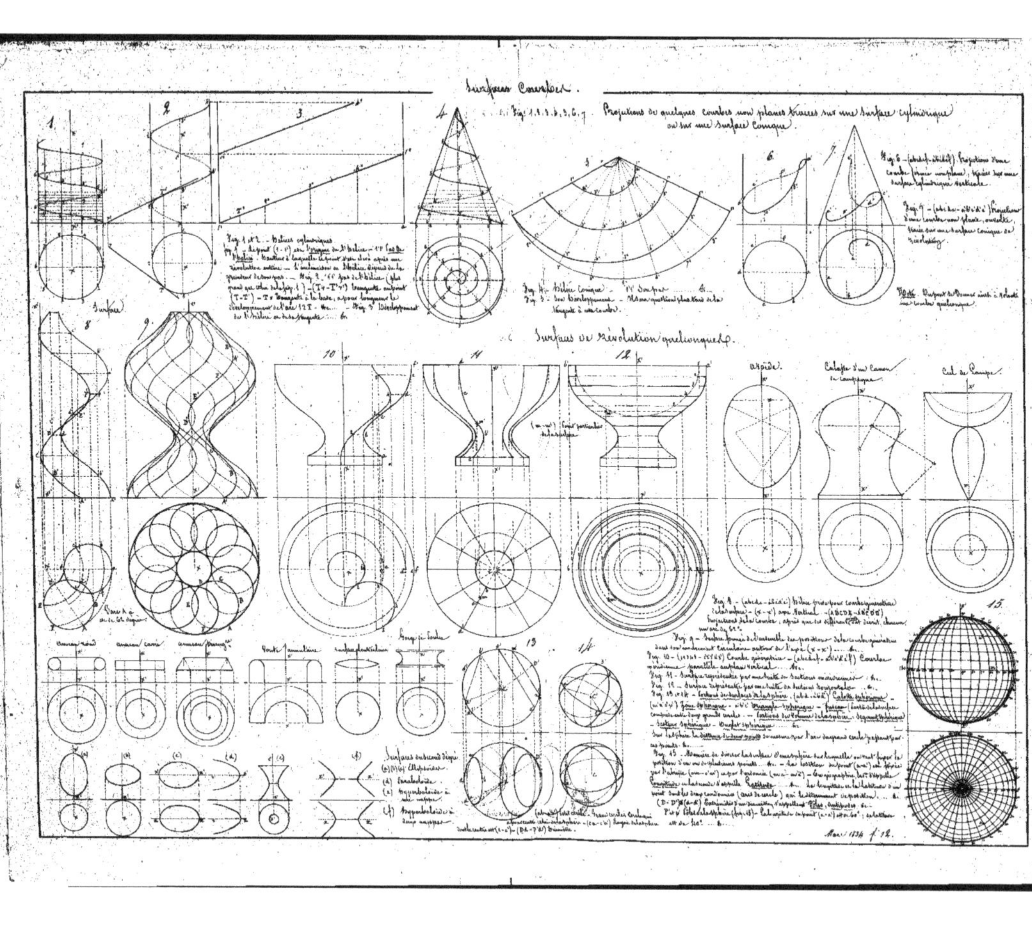

Surfaces Courbes.
Surfaces de Révolution quelconques

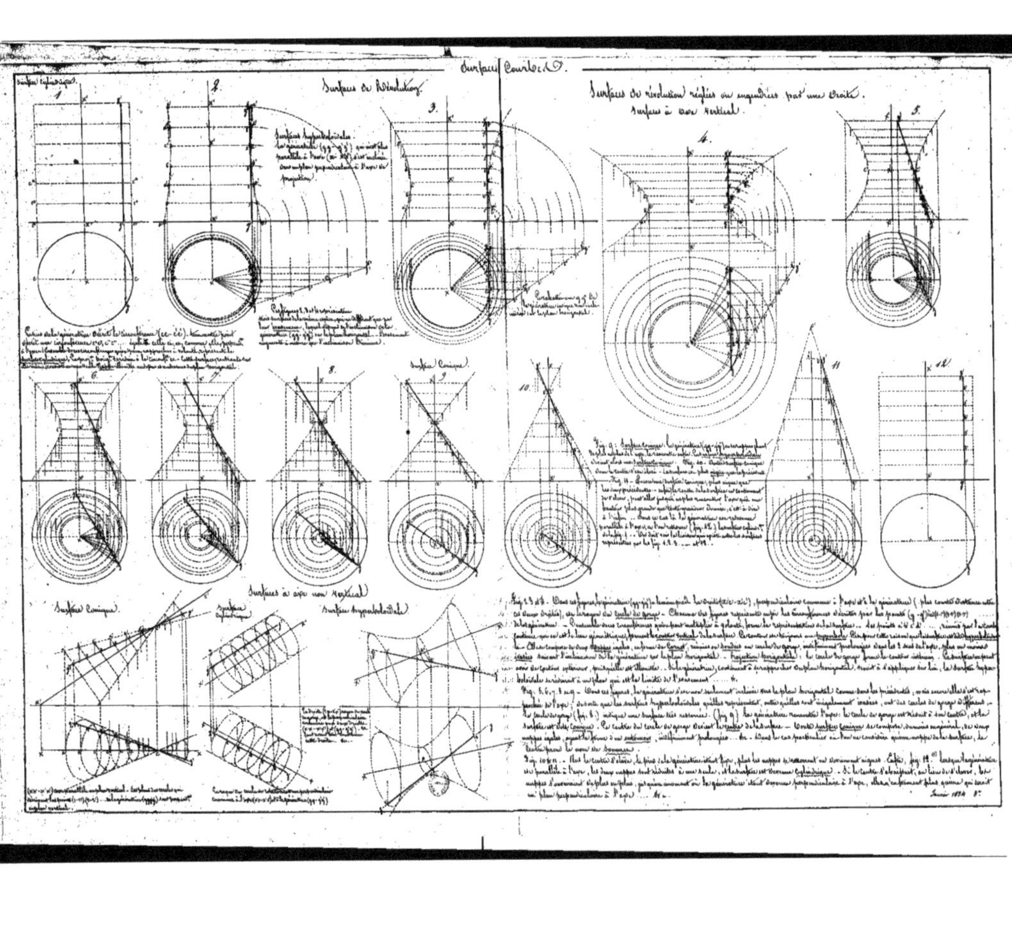

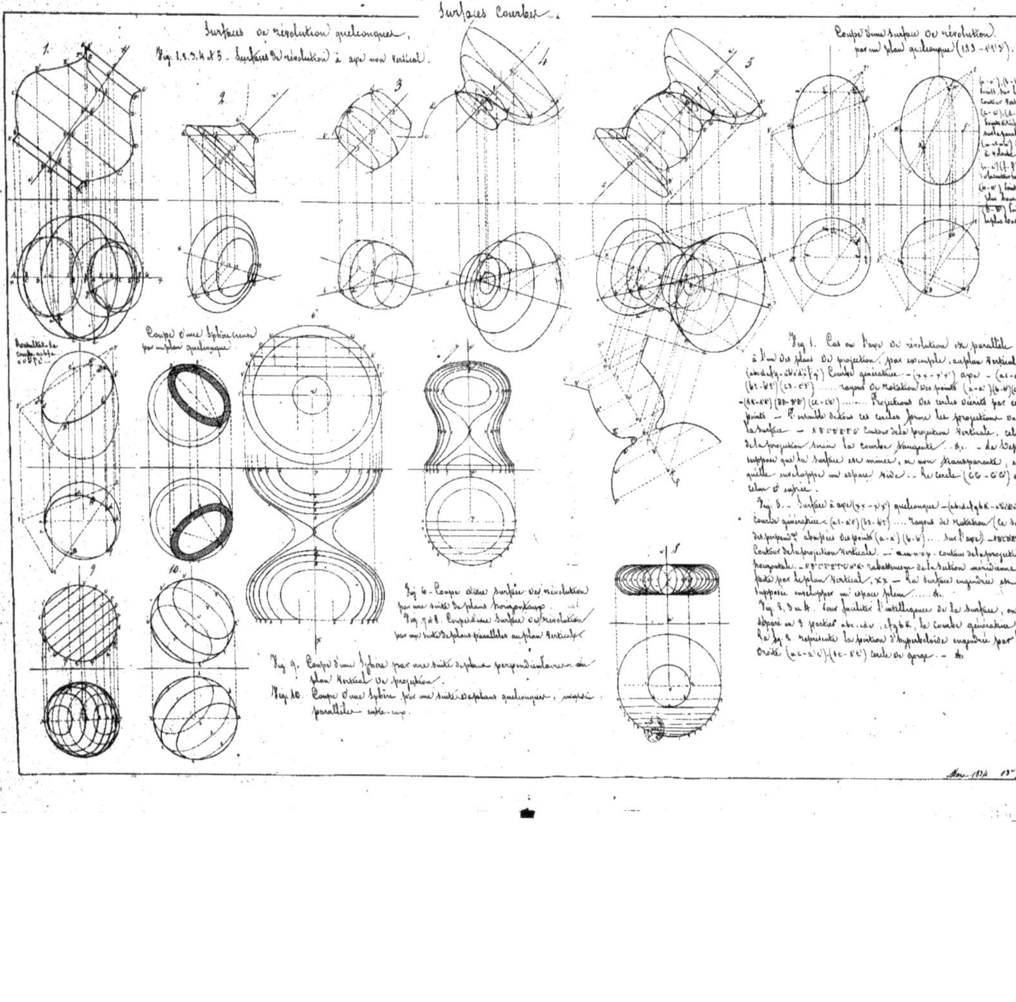
Surfaces courbes.
Surfaces de révolution quelconques.
Fig. 1, 2, 3, 4 et 5. - Surfaces de révolution à axe non vertical.
Coupe d'une surface de révolution par un plan quelconque (1 2 3 - 1' 2' 3').
Coupe d'une Sphère creuse par un plan quelconque
Fig. 1. Cas où l'axe de révolution est parallèle à l'un des plans de projection, par exemple, au plan vertical. (abcdefg - a'b'c'd'e'f'g') Courbe génératrice. - (xx - x'x') axe - (a1 - a'1') (b2 - b'2') (c3 - c'3') ...... rayons de rotation des points (a - a') (b - b') (c - c') - (AA - A'A') (BB - B'B') (CC - C'C') ...... Projections des cercles décrits par ces points. - L'ensemble de tous ces cercles forme les projections de la surface. - A'B'C'D'E'F'G' Contour de la projection verticale, celui de la projection suivant la courbe tangente ... &c. - Le dessin suppose que la surface est mince, et non transparente, et qu'elle enveloppe un espace vide. - Le cercle (CC - C'C') est celui de gorge.
Fig. 5. - Surface à axe (xx - x'x') quelconque - (abcdefghk - a'b'c'd'e'f'g'h'k') Courbe génératrice - (a1 - a'1') (b2 - b'2') .... rayons de rotation (ce sont des perpendiculaires abaissées des points (a - a') (b - b') .... sur l'axe). - A'B'C'D'E'F'G'H'K' Contour de la projection verticale. - amnop - contour de la projection horizontale. - A''B''C''D''E''F''G''H''K'' rabattement de la section méridienne faite par le plan vertical, xx. - La surface engendrée est supposée envelopper un espace plein ..... &c.
Fig. 2, 3 et 4. Pour faciliter l'intelligence de la surface, on a séparé en 3 parties abc, cde, efghk, la courbe génératrice. La fig. 2 représente la portion d'hyperboloïde engendrée par la droite (ac - a'c') - (bt - b't') cercle de gorge. - &c.
Fig. 6. - Coupe d'une surface de révolution par une suite de plans horizontaux.
Fig. 7 & 8. Coupe d'une surface de révolution par une suite de plans parallèles au plan vertical.
Fig. 9. Coupe d'une sphère par une suite de plans perpendiculaires au plan vertical de projection.
Fig. 10. Coupe d'une sphère par une suite de plans quelconques, mais parallèles entre eux.

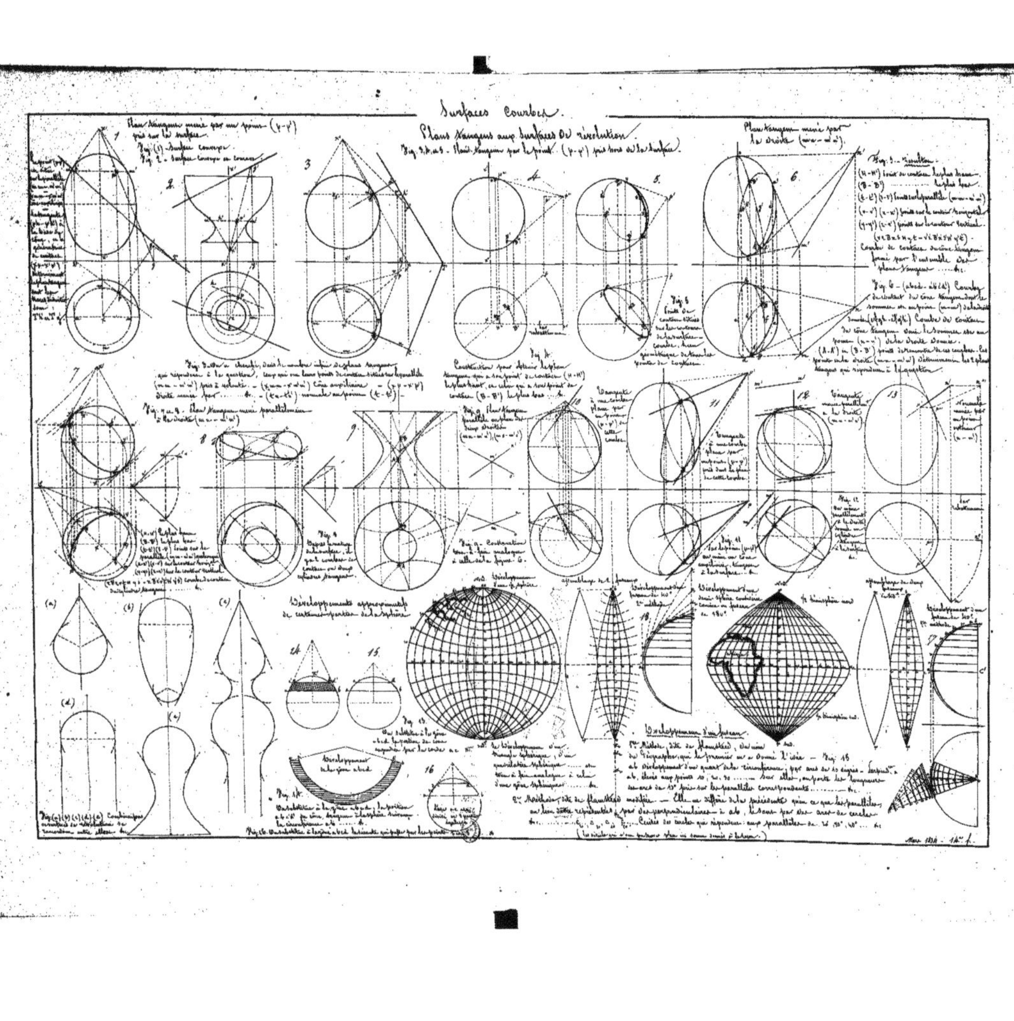

Surfaces Courbes.
Plans tangents aux Surfaces de révolution.

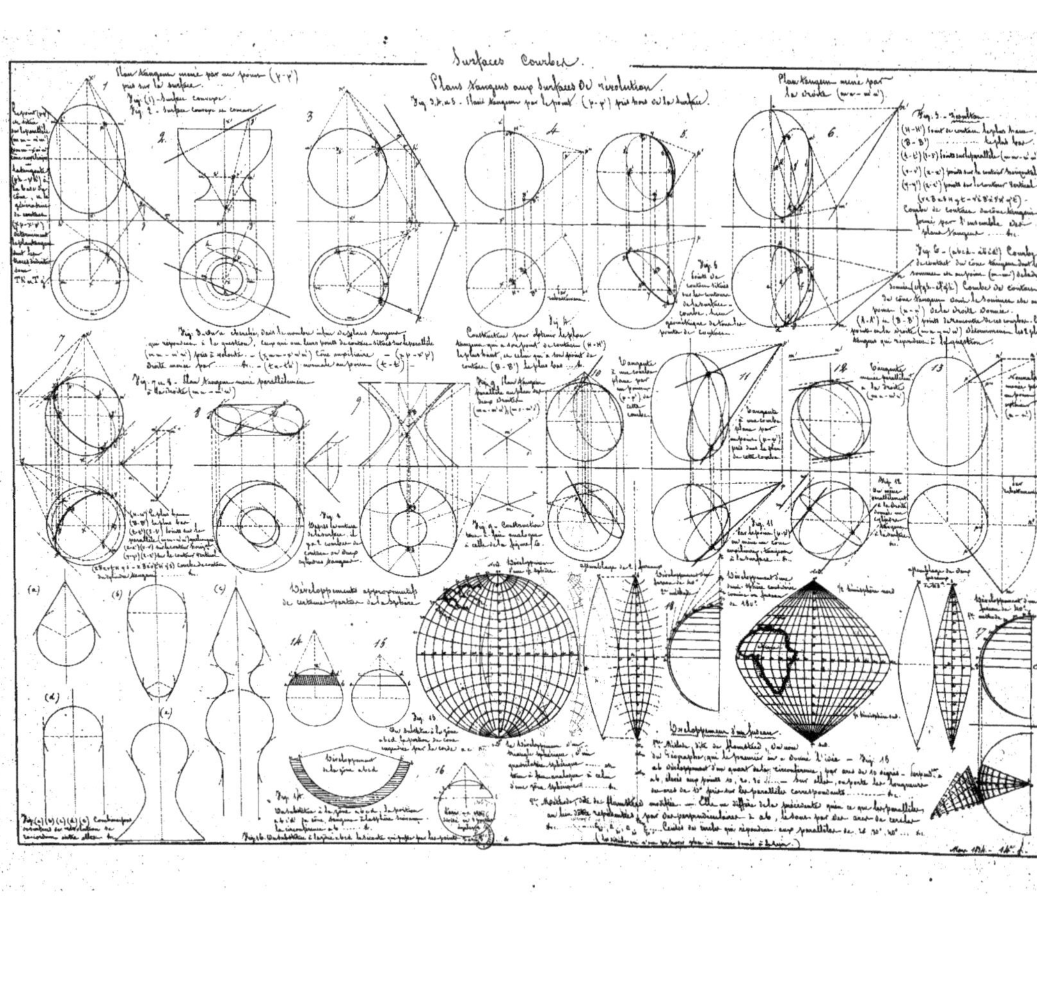

Surfaces Courbes.
Plans tangents aux surfaces de révolution
Plan tangent mené par la droite (m-m')

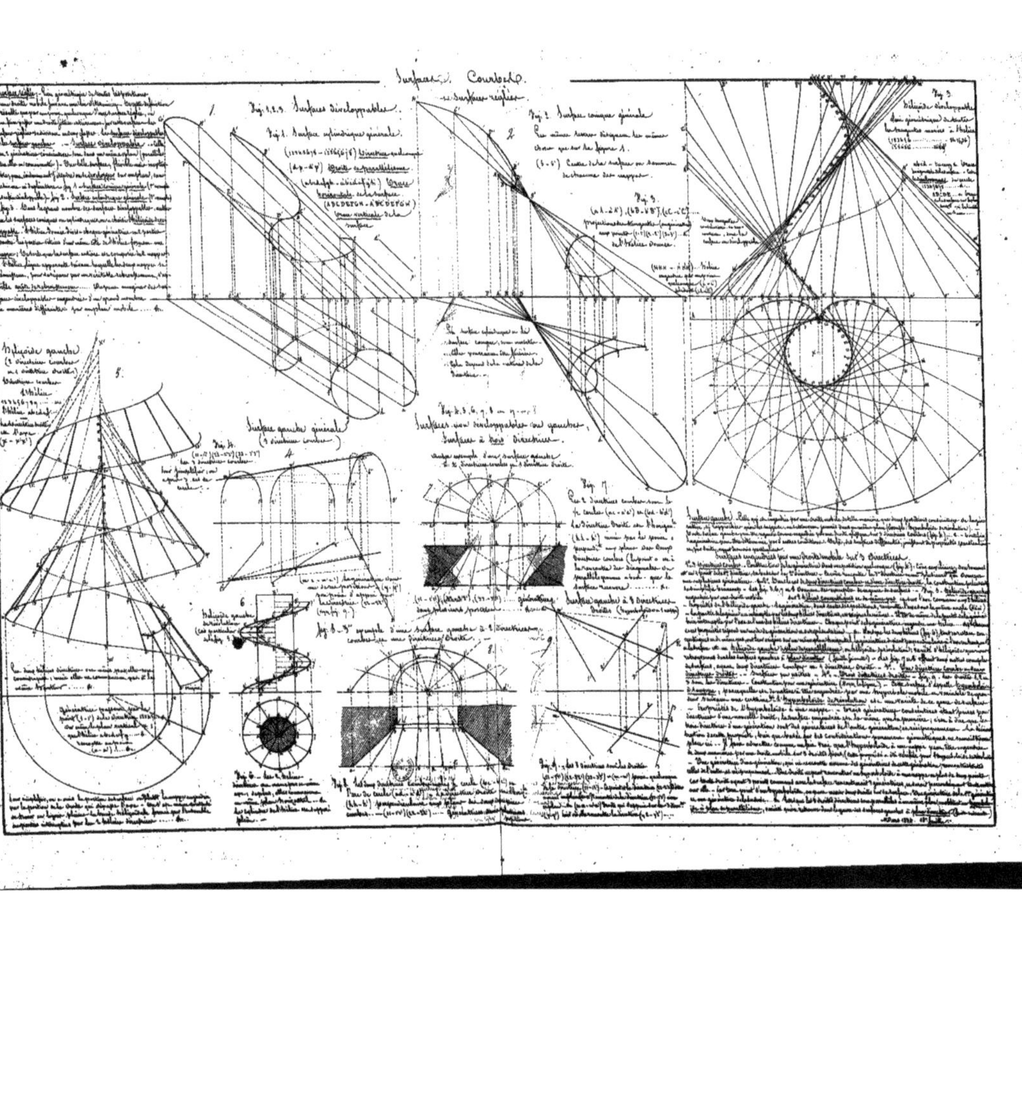

Surfaces Courbes.
Surfaces réglées.
Fig. 1, 2, 3. Surfaces développables.
Fig. 1. Surface cylindrique générale.
Fig. 2. Surface conique générale
Fig. 3.
Surface gauche générale
Surfaces non développables ou gauches.

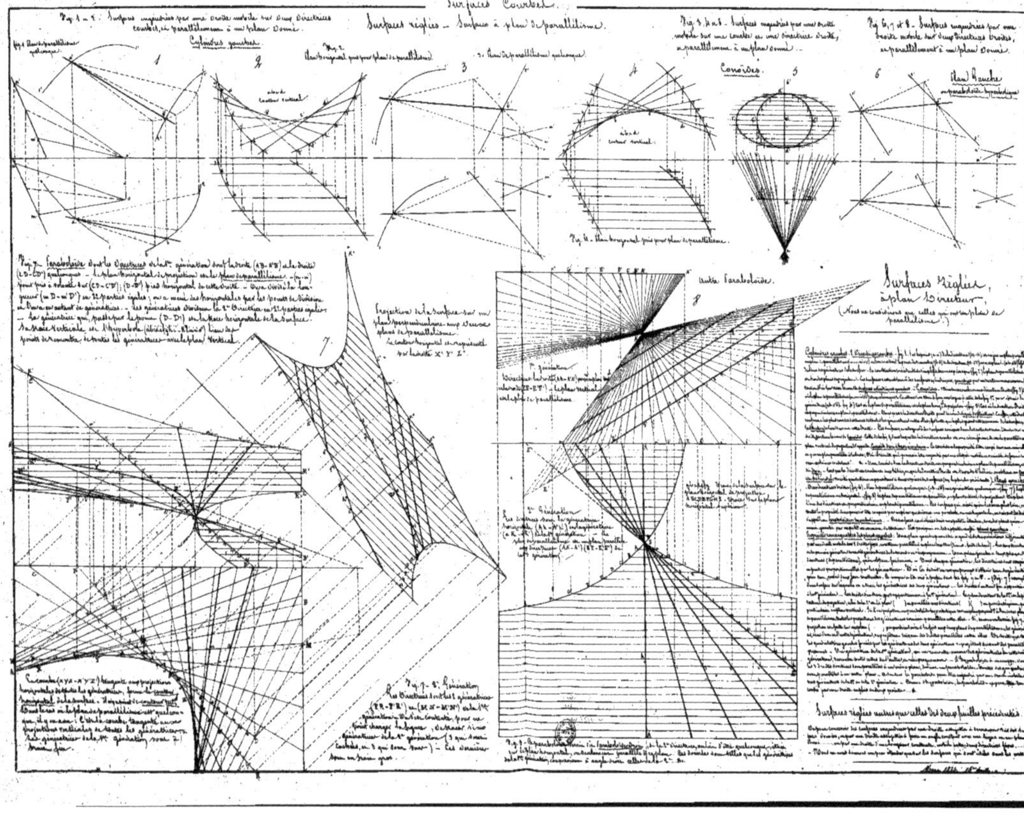

Surfaces Courbes.
Surfaces réglées – Surfaces à plan de parallélisme.
Cylindres gauches
Conoïdes.
Plan Gauche
Surfaces Réglées, à plan directeur.

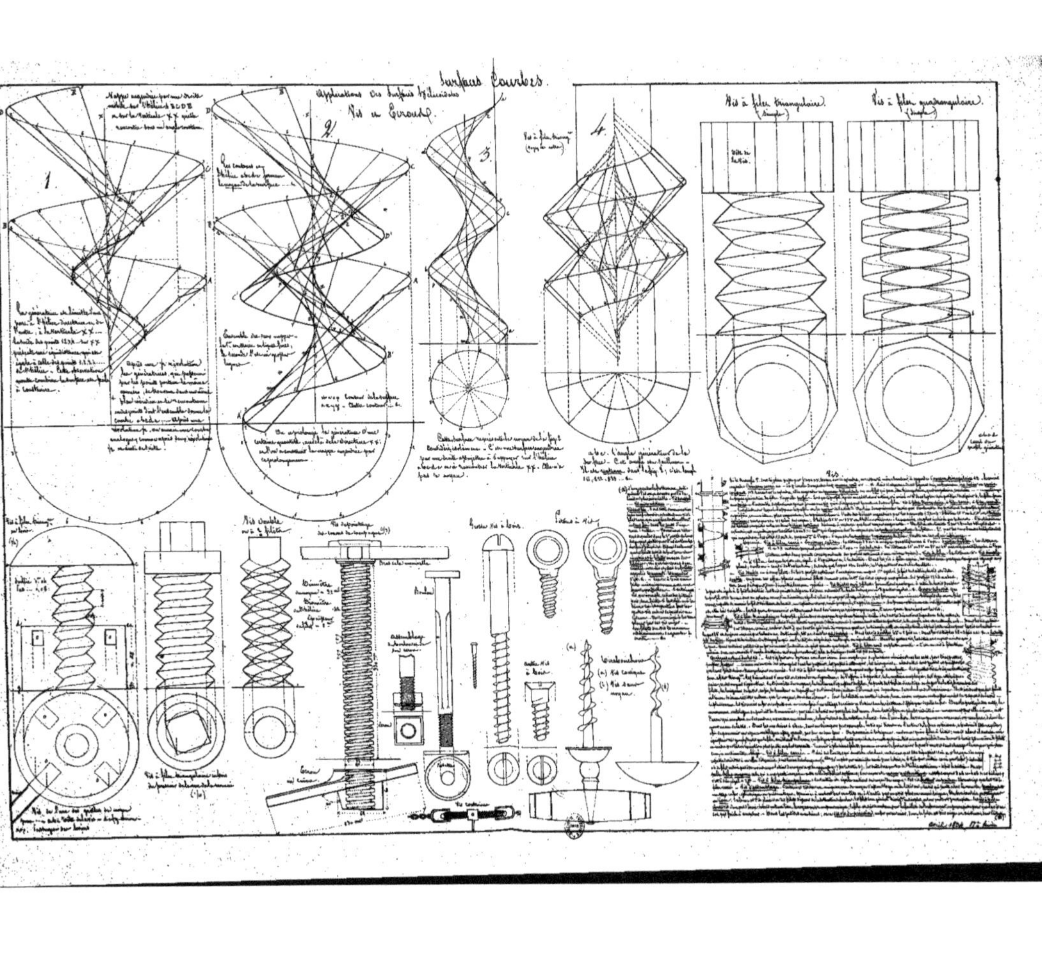

Surfaces Courbes.
Applications des Surfaces hélicoïdales
Vis et Écrous.
1.
2.
3.
4.
Vis à filet triangulaire.
(Simple)
Vis à filet quadrangulaire.
(Simple)
Vis double ou à 2 filets
Grosse vis à bois.
Pitons à vis

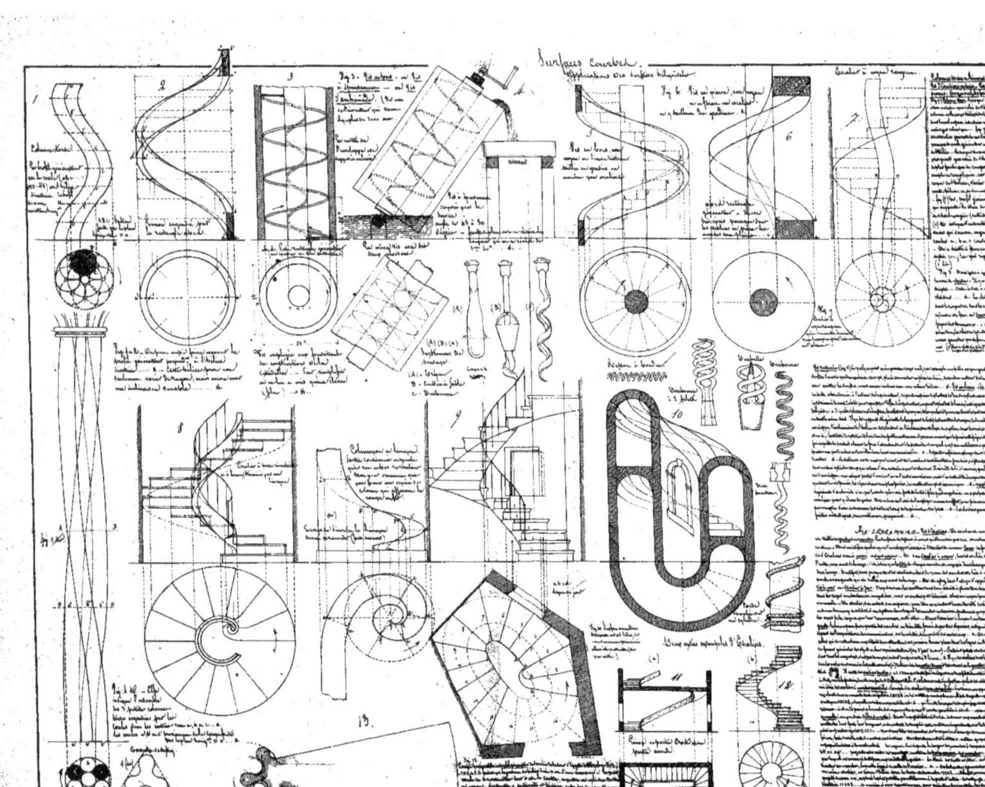
Surfaces courbes.
Applications des surfaces hélicoïdales

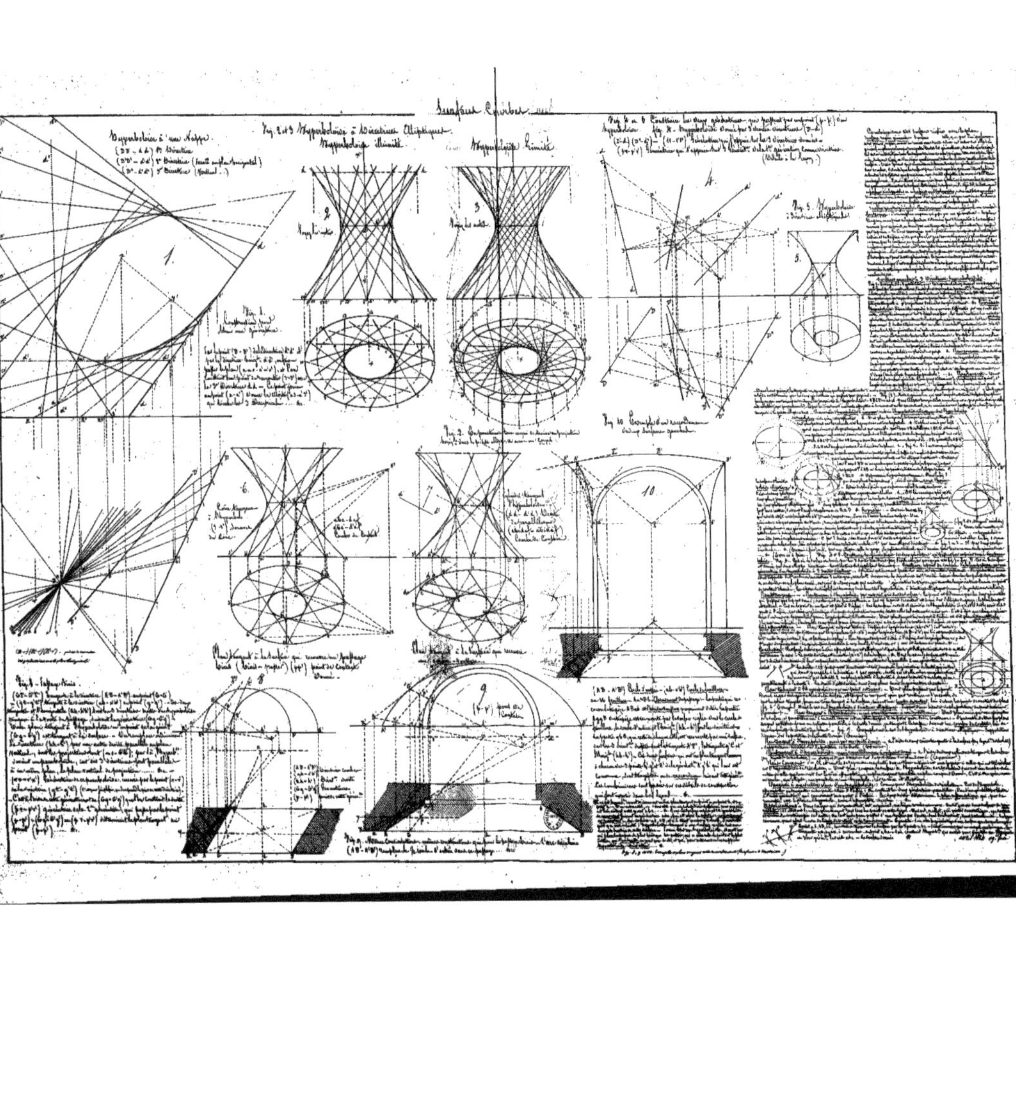

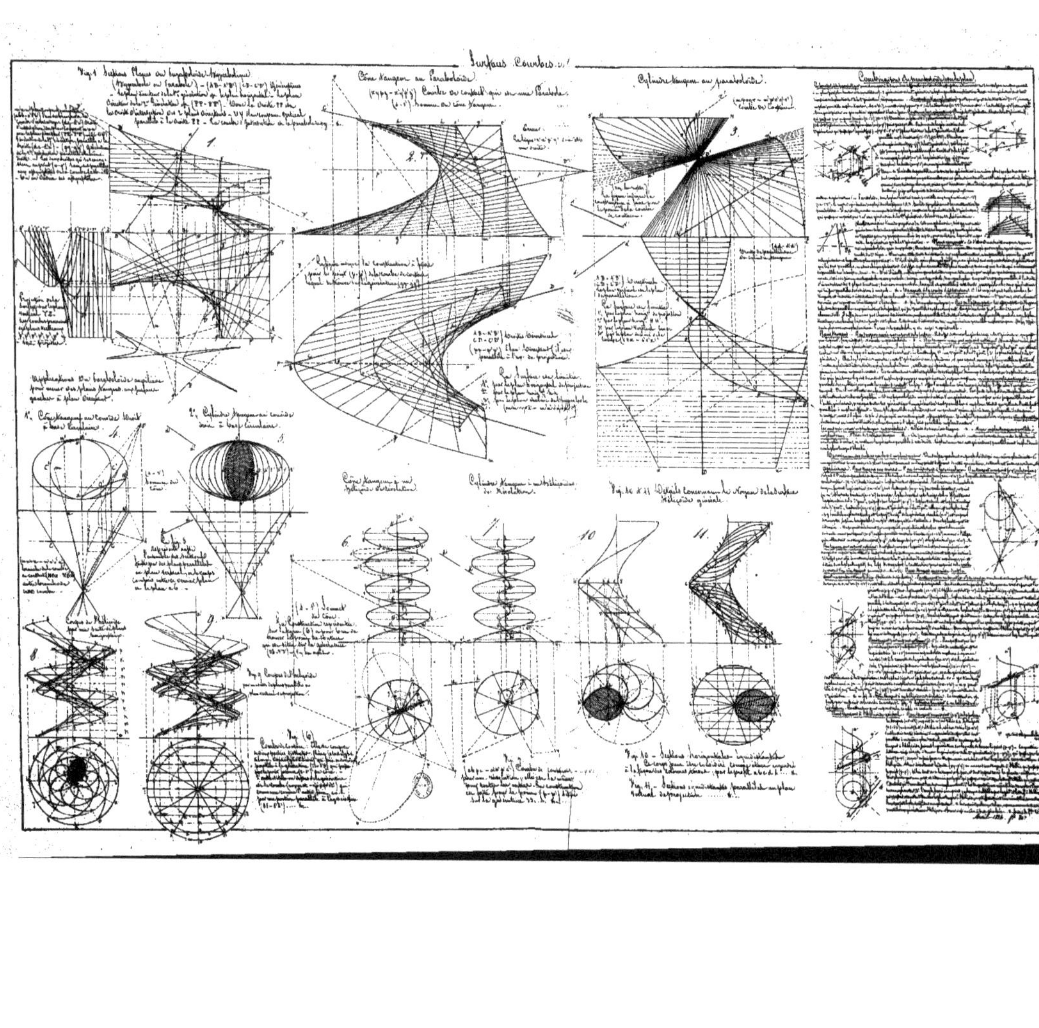
Surfaces Courbes
Cône tangent au Paraboloïde
Cylindre tangent au paraboloïde

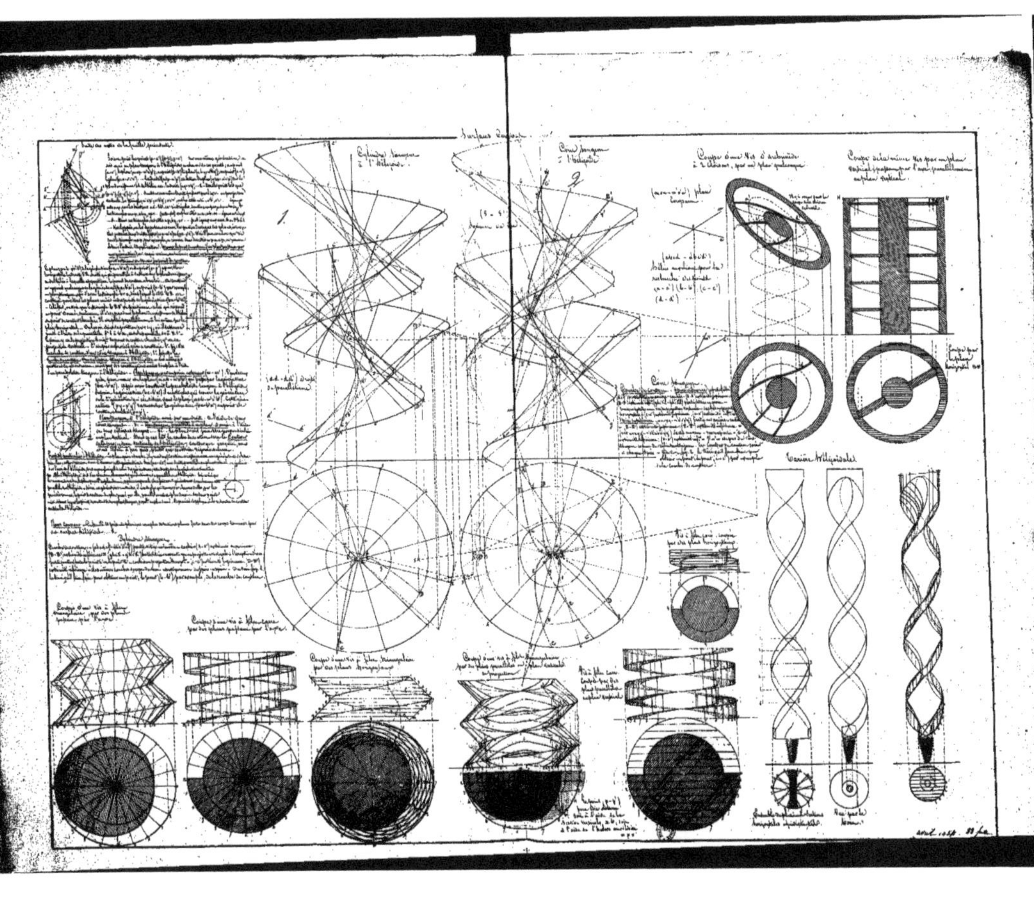

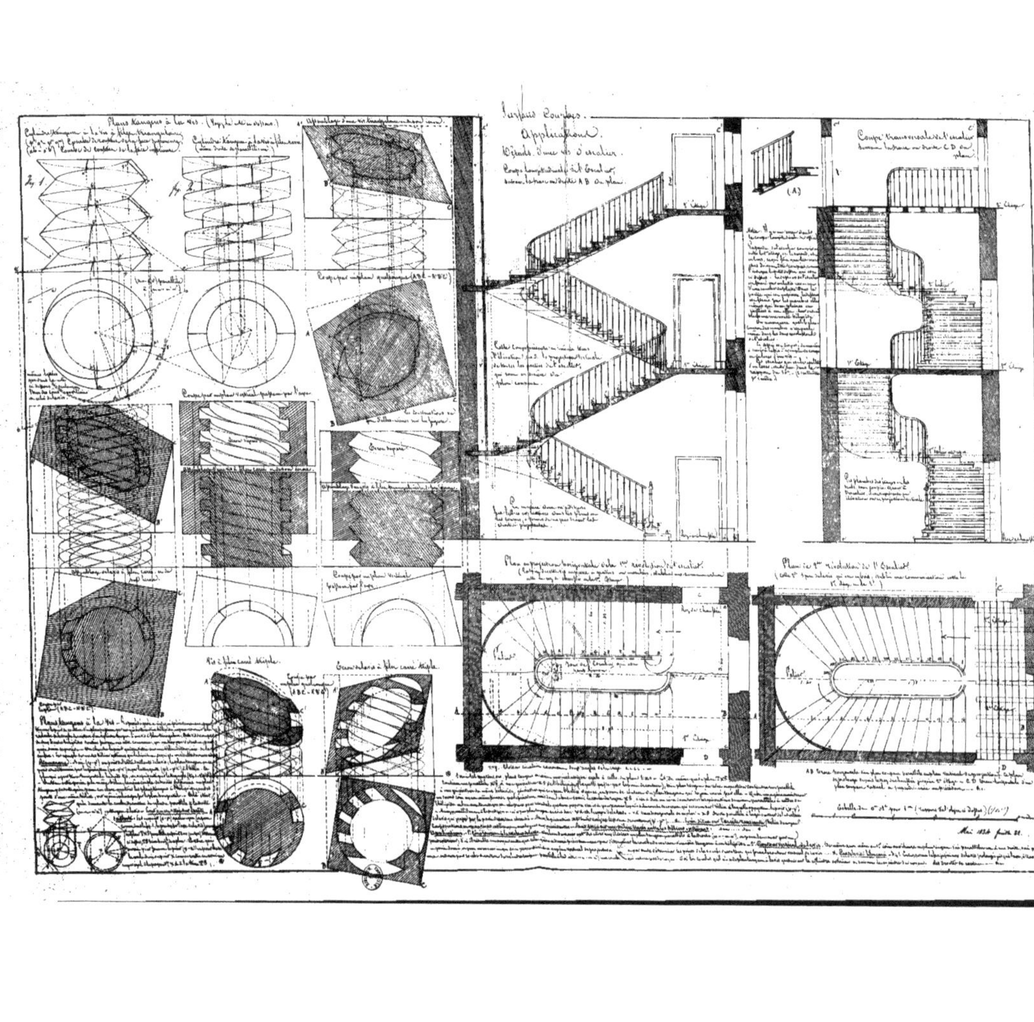

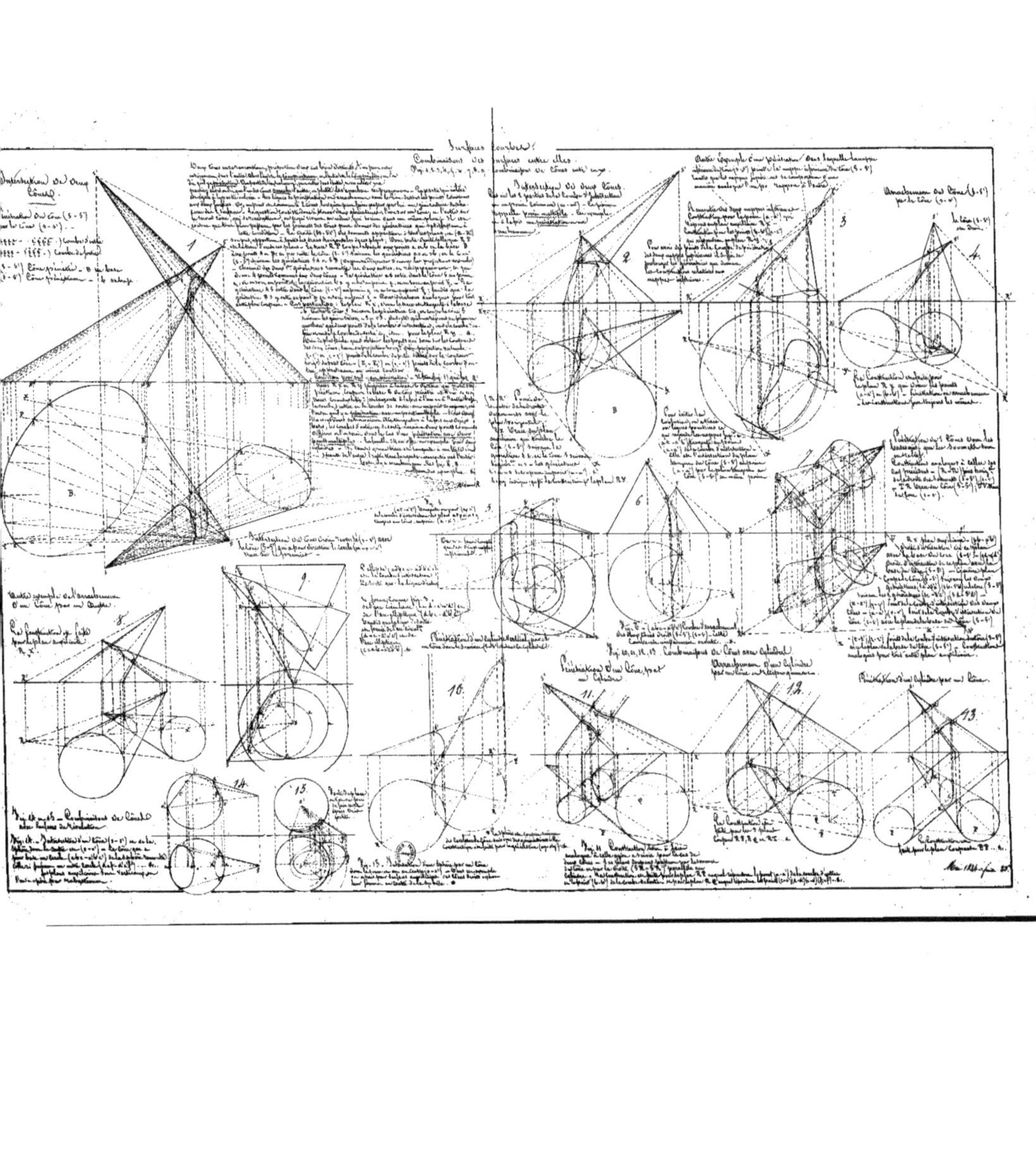
Surfaces Courbes.
Combinaisons des Surfaces entre elles.
Combinaisons de Cônes entre eux.
Intersection de deux Cônes.

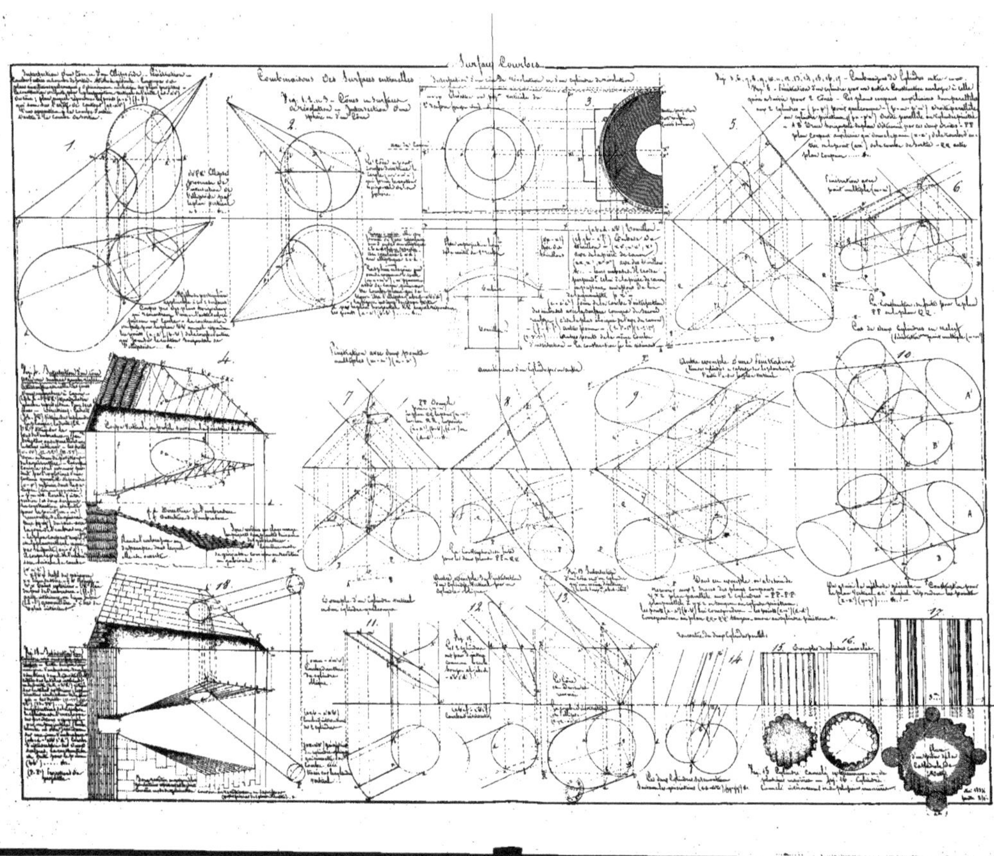

Surfaces Courbes
Combinaisons des Surfaces entre elles
1.
2.
3.
4.
5.
6.
7.
8.
9.
10.
11.
12.
13.
14.
15.
16.
17.
18.

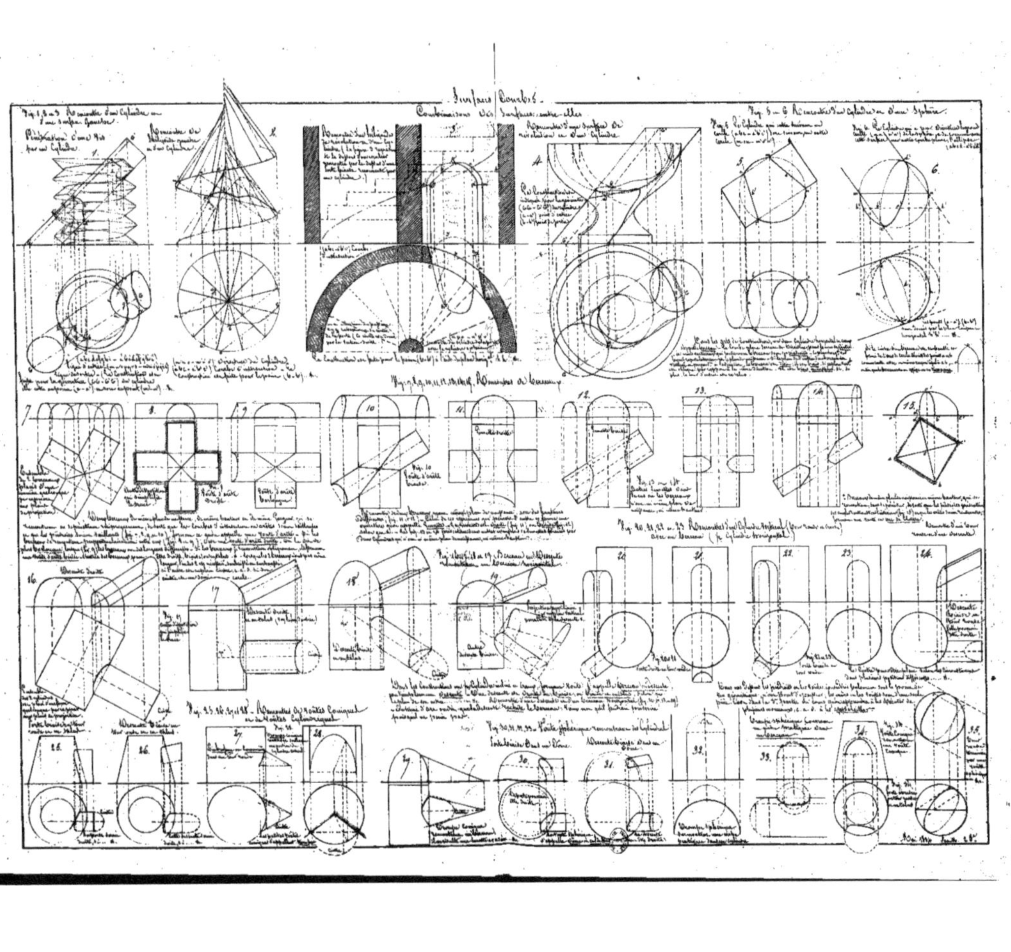
Surfaces Courbes.
Combinaisons des Surfaces entre elles

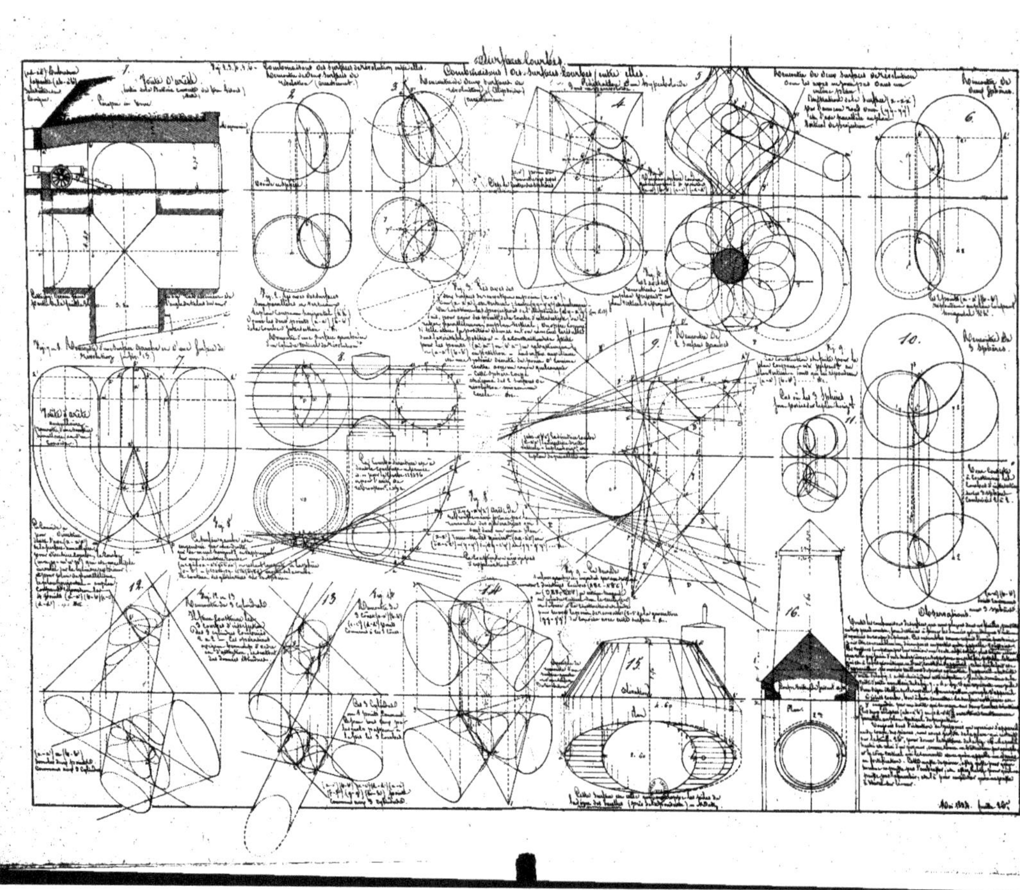
Surfaces courbes.
Combinaisons des surfaces courbes entre elles.
Voûte d'arête
Observations.

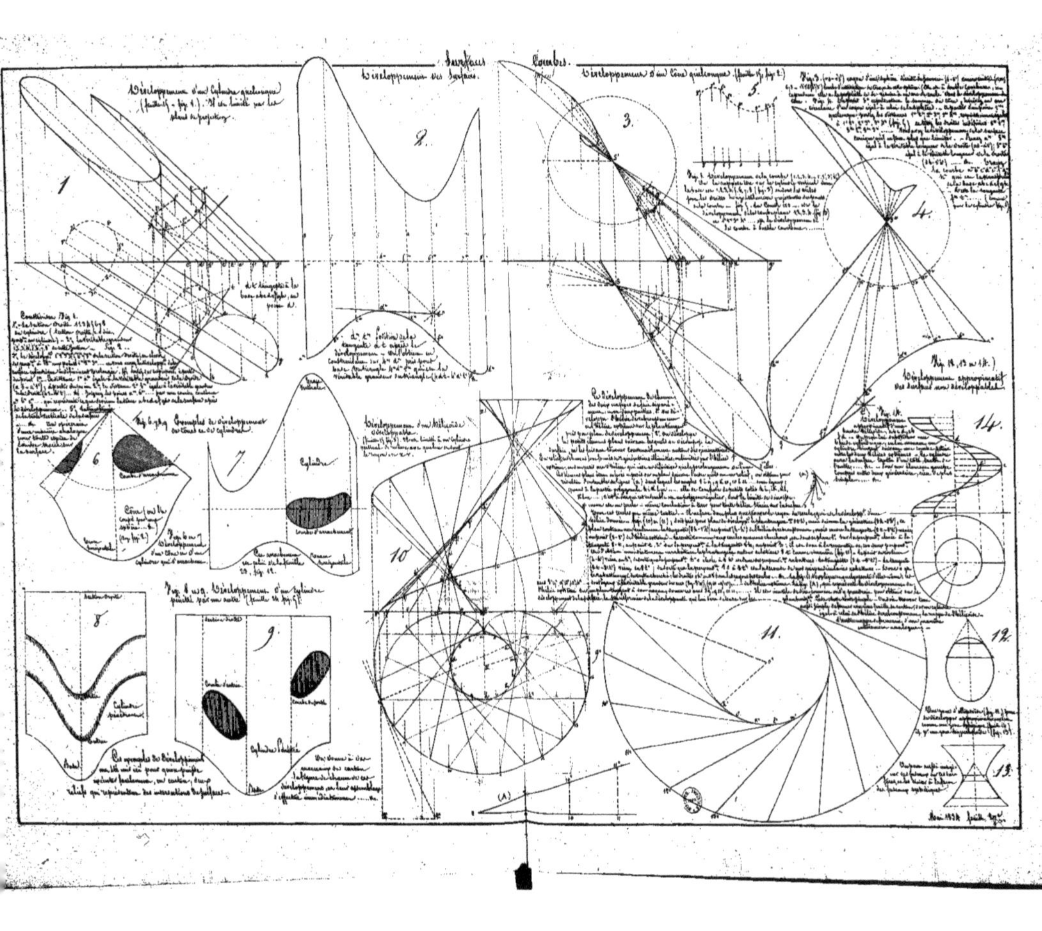

Surfaces Courbes.
Développement des Surfaces.
Développement d'un Cylindre quelconque (feuille 5 - fig. 1.). Il est limité par les plans de projection.
Développement d'un Cône quelconque (feuille 5, fig. 2.)
1
2.
3.
4.
5.
6
7
8
9.
10
11.
12.
13.
14.

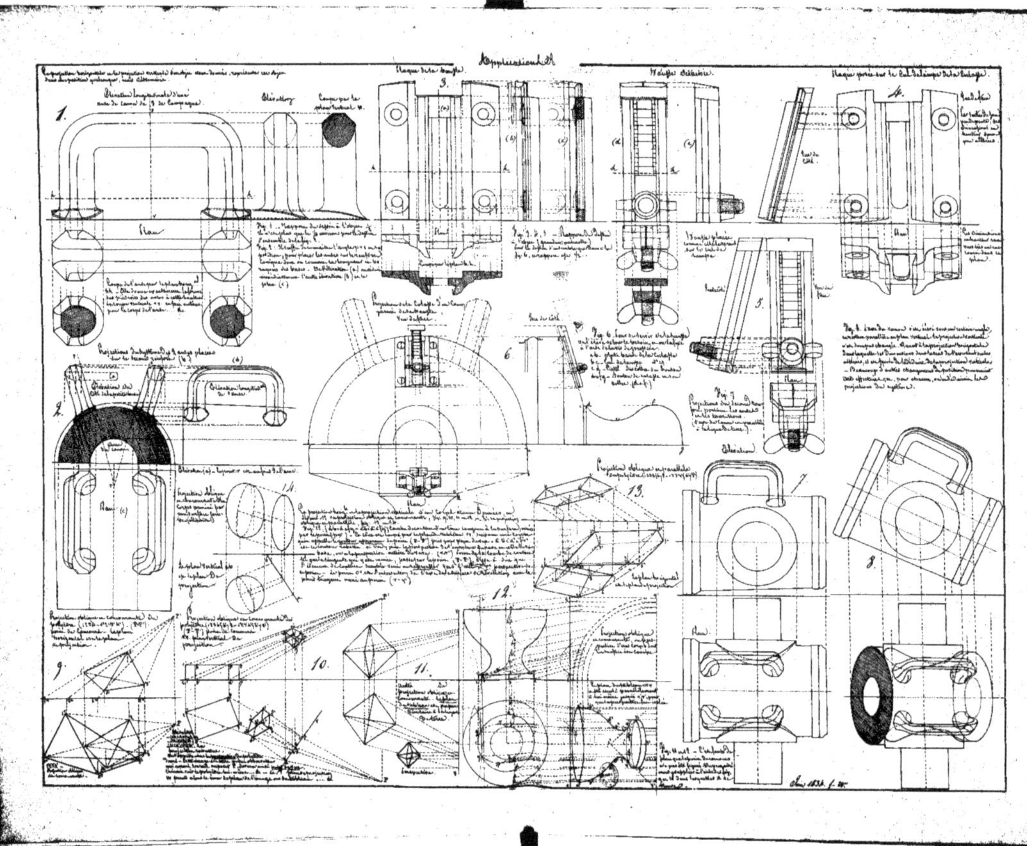

Table des Matières.

Table des Matières.

www.ingramcontent.com/pod-product-compliance
Ingram Content Group UK Ltd.
Pitfield, Milton Keynes, MK11 3LW, UK
UKHW022155190726
13855UKWH00004B/1486

9 782013 249263